T. 2660.
A. a.

MÉMOIRE
SUR LA DÉCOUVERTE
DU
MAGNÉTISME
ANIMAL.

MÉMOIRE

SUR LA DÉCOUVERTE

DU

MAGNÉTISME ANIMAL;

Par M. MESMER, *Docteur en Médecine de la Faculté de Vienne.*

A GENEVE

Et se trouve

A PARIS,

Chez P. Fr. Didot le jeune, Libraire-Imprimeur de MONSIEUR, quai des Augustins.

―――――――――――

M. DCC. LXXIX.

AVIS AU PUBLIC.

La découverte si long-temps desirée, d'un principe agissant sur les nerfs, doit intéresser tous les hommes ; elle a le double objet d'ajouter à leurs connoissances & de les rendre plus heureux, en leur offrant un moyen de guérir des maladies qui jusqu'à présent ont été traitées avec peu de succès. L'avantage & la singularité de ce syftême déterminèrent, il y a quelques années, l'empressement du Public à saisir avidement les premières espérances que j'en donnai; c'est en les dénaturant, que l'envie, la présomption & l'incrédulité sont parvenues en peu de temps à les placer au rang des illusions, & à les faire tomber dans l'oubli.

Je me suis vainement efforcé de les faire revivre par la multiplicité des faits; les préjugés ont prévalu, & la vérité a été sacrifiée. Mais, dit-on aujourd'hui, *en quoi consiste cette découverte ? — comment y êtes-vous parvenu ? — quelles idées peut-on se faire de ses avantages ? — & pourquoi n'en avez-vous pas enrichi vos concitoyens ?* Telles sont les questions qui m'ont été faites depuis mon séjour à Paris, par

Avis au Lecteur. v

les personnes les plus capables d'approfondir une question nouvelle.

C'est pour y répondre d'une manière satisfaisante, donner une idée générale du système que je propose, le dégager des erreurs dont il a été enveloppé, & faire connoître les contrariétés qui se sont opposées à sa publicité, que je publie ce Mémoire : il n'est que l'avant-coureur d'une théorie que je donnerai, dès que les circonstances me permettront d'indiquer les règles pratiques de la méthode que j'annonce. C'est sous ce point de vue, que je prie le Lecteur de considérer ce petit Ouvrage. Je ne me dissimule pas qu'il offrira bien des difficultés ; mais il est nécessaire de savoir, qu'elles sont de nature à n'être applanies par aucun raisonnement, sans le concours de l'expérience : elle seule dissipera les nuages, & placera dans son jour cette importante vérité : que LA NATURE OFFRE UN MOYEN UNIVERSEL DE GUÉRIR ET DE PRÉSERVER LES HOMMES.

MÉMOIRE

SUR

LA DÉCOUVERTE

DU MAGNÉTISME

ANIMAL.

L'HOMME est naturellement Observateur. Dès sa naissance, sa seule occupation est d'observer, pour apprendre à faire usage de ses organes. L'œil, par exemple, lui seroit inutile, si la Nature ne le portoit d'abord à faire attention aux moindres variations dont il est susceptible. C'est par les effets alternatifs de la jouissance & de la privation, qu'il apprend à connoître l'existence de la lumière & ses différentes gradations; mais il resteroit dans l'i-

A

gnorance de la distance, de la grandeur & de la forme des objets, si, en comparant & combinant les impressions des autres organes, il n'apprenoit à les rectifier l'un par l'autre. La plupart des sensations, sont donc le résultat de ses réflexions sur les impressions réunies dans ses organes.

C'est ainsi que l'homme passe ses premières années à acquérir l'usage prompt & juste de ses sens : son penchant à observer, qu'il tient de la Nature, le met en état de se former lui-même ; & la perfection de ses facultés dépend de son application plus ou moins constante.

Dans le nombre infini d'objets qui s'offrent successivement à lui, son attention se porte essentiellement sur ceux qui l'intéressent par des rapports plus particuliers.

Les obfervations des effets que la Nature opère univerfellement & conftamment fur chaque individu, ne font pas l'apanage exclufif des Philofophes ; l'intérêt univerfel fait prefque de tous les individus autant d'Obfervateurs. Ces obfervations multipliées, de tous les temps & de tous les lieux, ne nous laiffent rien à defirer fur leur réalité.

L'activité de l'efprit humain, jointe à l'ambition de favoir qui n'eft jamais fatisfaite, cherchant à perfectionner des connoiffances précédemment acquifes, abandonne l'obfervation, & y fupplée par des fpéculations vagues & fouvent frivoles ; elle forme & accumule des fyftêmes qui n'ont que le mérite de leur myftérieufe abftraction ; elle s'éloigne infenfiblement de la vérité, au point de la faire perdre de vue, & de lui fubftituer l'ignorance & la fuperftition.

Les connoissances humaines, ainsi dénaturées, n'offrent plus rien de la réalité qui les caractérisoit dans le principe.

La Philosophie a quelquefois fait des efforts pour se dégager des erreurs & des préjugés ; mais, en renversant ces édifices avec trop de chaleur, elle en a recouvert les ruines avec mépris, sans fixer son attention sur ce qu'elles renfermoient de précieux.

Nous voyons chez les différens peuples, les mêmes opinions conservées sous une forme si peu avantageuse & si peu honorable pour l'esprit humain, qu'il n'est pas vraisemblable qu'elles se soient établies sous cette forme.

L'imposture & l'égarement de la raison, auroient en vain tenté de concilier les nations, pour leur faire généralement adopter des systêmes aussi évidemment absurdes & ridicules que nous les voyons aujourd'hui ; la vérité seule & l'intérêt général, ont pu donner à ces opinions leur universalité.

On pourroit donc avancer, que parmi les opinions vulgaires de tous les temps, qui n'ont pas leurs principes dans le cœur humain, il en est peu qui, quelque ridicules & même extravagantes qu'elles paroissent, ne puissent être considérées comme le reste d'une vérité primitivement reconnue.

Telles sont les réflexions que j'ai faites sur les connoissances en général, & plus particulièrement sur le sort de la doctrine de l'influence des corps célestes sur la planète que nous habitons. Ces réflexions m'ont conduit à rechercher, dans les débris de cette science, avilie par l'ignorance, ce qu'elle pouvoit avoir d'utile & de vrai.

D'après mes idées fur cette matière, je donnai à *Vienne*, en 1766, une Diſſertation *de l'influence des planètes ſur le corps humain.* J'avançois, d'après les principes connus de l'attraction univerſelle, conſtatée par les obſervations qui nous apprennent que les planètes s'affectent mutuellement dans leurs orbites, & que la lune & le ſoleil cauſent & dirigent ſur notre globe le flux & reflux dans la mer, ainſi que dans l'atmoſphère; j'avançois, dis-je, que ces ſphères exercent auſſi une action directe ſur toutes les parties conſtitutives des corps animés, particulièrement ſur le *ſyſtême nerveux*, moyennant un fluide qui pénètre tout : je déterminois cette action par L'INTENSION ET LA RÉMISSION des propriétés de la *matière & des corps organiſés*, telles que font la *gravité*, la *cohésion*, l'*élasticité*, l'*irritabilité*, l'*électricité*.

Je soutenois que, de même que les effets alternatifs, à l'égard de la gravité, produisent dans la mer le phénomène sensible que nous appelons flux & reflux, L'INTENSION ET LA RÉMISSION desdites propriétés, étant sujettes à l'action du même principe, occasionnent, dans les corps animés, des effets alternatifs analogues à ceux qu'éprouve la mer. Par ces considérations, j'établissois que le corps animal, étant soumis à la même action, éprouvoit aussi une sorte de *flux & reflux*. J'appuyois cette théorie de différens exemples de révolutions périodiques. Je nommois la propriété du corps animal, qui le rend susceptible de l'action des corps célestes & de la terre, MAGNÉTISME ANIMAL; j'expliquois par ce magnétisme, les révo-

A iv

lutions périodiques que nous remarquons dans le sexe, & généralement celles que les Médecins de tous les temps & de tous les pays ont observées dans les maladies.

Mon objet alors n'étoit que de fixer l'attention des Médecins; mais loin d'avoir réussi, je m'apperçus bientôt qu'on me taxoit de singularité, qu'on me traitoit d'homme à système, & qu'on me faisoit un crime de ma propension à quitter la route ordinaire de la Médecine.

Je n'ai jamais dissimulé ma façon de penser à cet égard, ne pouvant en effet me persuader que nous ayons fait dans l'art de guérir les progrès dont nous nous sommes flattés ; j'ai cru au contraire, que, plus nous avancions dans les connnoissances du mécanisme & de l'économie du corps animal, plus nous étions forcés de reconnoître notre insuffisance. La connoissance que nous avons acquise aujourd'hui de la nature & de l'action des nerfs, toute imparfaite qu'elle est, ne nous laisse aucun doute à cet égard. Nous savons qu'ils sont les principaux agens des sensations & du mouvement, sans savoir les rétablir dans l'ordre naturel, lorsqu'il est altéré ; c'est un reproche que nous avons à nous faire. L'ignorance des siècles précédens sur ce point, en a garanti les Médecins. La confiance superstitieuse qu'ils avoient & qu'ils inspiroient dans leurs spécifiques & leurs formules, les rendoit despotes & présomptueux.

Je respecte trop la NATURE, pour pouvoir me persuader que la conservation individuelle de l'homme ait été réservée au hasard des découvertes, & aux observations vagues qui ont eu lieu dans la succession de plusieurs siècles, pour devenir le domaine de quelques particuliers.

La Nature a parfaitement pourvu à tout pour l'existence de l'individu; la génération se fait sans système, comme sans artifice. Comment la conservation seroit-elle privée du même avantage ? celle des bêtes est une preuve du contraire.

Une aiguille non aimantée, mise en mouvement, ne reprendra que par hasard une direction déterminée; tandis qu'au contraire, celle qui est aimantée ayant reçu la même impulsion, après différentes oscillations proportionnées à l'impulsion & au magnétisme qu'elle a reçus, retrouvera sa première position & s'y fixera. C'est ainsi que l'harmonie des corps organisés, une fois troublée, doit éprouver les incertitudes de ma première supposition, si elle n'est rappelée & déterminée par L'AGENT GÉNÉRAL dont je reconnois l'existence : lui seul peut rétablir cette harmonie dans l'état naturel.

Aussi a-t-on vu, de tous les temps, les maladies s'agraver & se guérir avec & sans le secours de la Médecine, d'après différens systêmes & les méthodes les plus opposées. Ces considérations ne m'ont pas permis de douter qu'il n'existe dans la Nature un principe universellement agissant, & qui, indépendamment de nous, opère ce que nous attribuons vaguement à l'Art & à la Nature.

Ces réflexions m'ont insensiblement écarté du chemin frayé. J'ai soumis mes idées à l'expérience pendant douze ans, que j'ai consacrés aux observations les plus exactes sur tous les genres de maladies ; & j'ai eu la satisfaction de voir les maximes que j'avois preſſenties, ſe vérifier conſtamment.

Ce fut ſur-tout pendant les années 1773 & 1774, que j'entrepris chez moi le traitement d'une demoiſelle, âgée de 29 ans, nommée Œſterline, attaquée depuis pluſieurs années d'une maladie convulſive, dont les ſymptômes les plus fâcheux étoient, que le ſang ſe portoit avec impétuoſité vers la tête, & excitoit dans cette partie les plus cruelles douleurs de dents & d'oreilles, leſquelles étoient ſuivies de délire, fureur, vomiſſement & ſyncope. C'étoit pour moi l'occaſion la plus favorable d'obſerver avec exactitude, ce genre de *flux & reflux* que le MAGNÉTISME ANIMAL fait éprouver au corps humain. La malade avoit ſouvent des criſes ſalutaires, & un ſoulagement remarquable en étoit la ſuite; mais ce n'étoit qu'une jouiſsance momentanée & toujours imparfaite.

Le desir de pénétrer la cause de cette imperfection, & mes observations non interrompues, m'amenèrent successivement au point de reconnoître l'opération de la Nature, & de la pénétrer assez pour prévoir & annoncer, sans incertitude, les différentes révolutions de la maladie. Encouragé par ce premier succès, je ne doutai plus de la possibilité de la porter à sa perfection, si je parvenois à découvrir qu'il existât entre les corps qui composent notre globe, une action également réciproque & semblable à celle des corps célestes, moyennant laquelle je pourrois imiter artificiellement les révolutions périodiques du flux & reflux dont j'ai parlé.

J'avois sur l'aimant les connoissances ordinaires : son action sur le fer, l'aptitude de nos humeurs à recevoir ce minéral, & les différens essais faits tant en France, qu'en Allemagne & en Angleterre, pour les maux d'estomac & douleurs de dents, m'étoient connus. Ces motifs, joints à l'analogie des propriétés de cette matière avec le système général, me la firent considérer comme la plus propre à ce genre d'épreuve. Pour m'assurer du succès de cette expérience, je préparai la malade, dans l'intervalle des accès, par un usage continué des martiaux.

Mes relations de société avec le Père Hell, Jésuite, professeur d'Astronomie à Vienne, me fournirent ensuite l'occasion de le prier de me faire exécuter par son artiste plusieurs pièces aimantées, d'une forme commode à l'application : il voulut bien s'en charger & me les remettre.

La malade ayant éprouvé, le 28

juillet 1774, un renouvellement de fes accès ordinaires, je lui fis l'application fur l'eſtomac & aux deux jambes, de trois pièces aimantées. Il en réſultoit, peu de temps après, des fenſations extraordinaires ; elle éprouvoit intérieurement des courans douloureux d'une matière ſubtile, qui, après différens efforts pour prendre leur direction, fe déterminèrent vers la partie inférieure, & firent ceſſer pendant ſix heures tous les ſymptômes de l'accès. L'état de la malade m'ayant mis le lendemain dans le cas de renouveler la même épreuve, j'en obtins les mêmes ſuccès. Mon obſervation fur ces effets, combinée avec mes idées fur le ſyſtême général, m'éclaira d'un nouveau jour : en confirmant mes précédentes idées fur l'influence de L'AGENT GÉNÉRAL, elle m'apprit qu'un autre principe faiſoit agir l'aimant, incapable par lui-même de cette action fur les nerfs; & me fit voir que je n'avois que quelques pas à faire pour arriver à la THÉORIE IMITATIVE qui faifoit l'objet de mes recherches.

Quelques jours après, ayant rencontré le Père Hell, je lui appris, par forme de converfation, le meilleur état de la malade, les bons effets de mon procédé, & l'efpoir que j'avois, d'après cette opération, de rencontrer bientôt le moyen de guérir les maladies de nerfs.

J'appris, peu de temps après, dans le public & par les Journaux, que ce Religieux, abufant de fa célébrité en Aftronomie, & voulant s'approprier une découverte dont il ignoroit entièrement la nature & les avantages, s'étoit permis de publier qu'avec des pièces aimantées, auxquelles il fuppofoit une vertu fpécifique dépendante

de

de leur forme, il s'étoit assuré des moyens de guérir les maladies de nerfs les plus graves. Pour accréditer cette opinion, il avoit adressé à plusieurs Académies des garnitures composées de pièces aimantées de toutes les formes, en indiquant d'après leur figure, l'analogie qu'elles avoient avec les différentes maladies. Voici comme il s'exprimoit : « J'ai découvert, dans ces » figures conformes au *tourbillon ma-* » *gnétique*, une perfection de laquelle » dépend la vertu spécifique contre les » maladies; c'est par le défaut de cette » perfection, que les épreuves faites » en Angleterre & en France, n'ont » eu aucun succès. » Et en affectant de confondre la fabrication des figures aimantées, avec la découverte dont je l'avois entretenu, il terminoit par dire « qu'il avoit tout communiqué aux Mé- » decins, & particulièrement à moi,

» dont il continueroit à se servir pour
» faire ses épreuves. »

Les écrits réitérés du Père Hell sur cette matière, transmirent au public, toujours avide d'un spécifique contre les maladies nerveuses, l'opinion mal fondée, savoir, que la découverte en question consistoit dans le seul emploi de l'aimant. J'écrivis à mon tour pour détruire cette erreur, en publiant l'existance du MAGNÉTISME ANIMAL, essentiellement distinct de l'*aimant;* mais le public prévenu par un homme en réputation, resta dans son erreur.

Je continuai mes épreuves sur différentes maladies, afin de généraliser mes connoissances & d'en perfectionner l'application.

Je connoissois particulièrement M. le Baron de *Stoërck,* Président de la Faculté de Médecine à Vienne, & premier Médecin de Sa Majesté. Il étoit d'ailleurs convenable qu'il fût bien inſtruit de la nature de ma découverte & de ſon objet. Je mis en conſéquence ſous ſes yeux, les détails circonſtanciés de mes opérations, particulièrement ſur la communication & les courans de la matière magnétique animale ; & je l'invitai à s'en aſſurer par lui-même, en lui annonçant que mon intention étoit de lui rendre compte, par la ſuite, de tous les progrès que je pourrois faire dans cette nouvelle carrière; & que pour lui donner la preuve la plus certaine de mon attachement, je lui communiquerois mes moyens ſans aucune réſerve.

La timidité naturelle de ce Médecin, appuyée ſans doute ſur des motifs que mon intention n'eſt pas de pénétrer, le détermina à me répondre qu'il ne vouloit rien connoître de ce que je lui annonçois, & qu'il m'invitoit à ne pas compromettre la Faculté par la publicité d'une innovation de ce genre.

Les préventions du public & les incertitudes sur la nature de mes moyens, me déterminèrent à publier une *Lettre le 5 janvier 1775, à un Médecin étranger*, dans laquelle je donnois une idée précise de ma théorie, des succès que j'avois obtenus jusqu'alors & de ceux que j'avois lieu d'espérer. J'annonçois la nature & l'action du MAGNÉTISME ANIMAL, & l'analogie de ses propriétés avec celles de l'*aimant* & de l'*électricité*. J'ajoutois, « que tous les corps
» étoient, ainsi que l'aimant, suscepti-
» bles de la communication de ce prin-
» cipe magnétique ; que ce fluide pé-
» nétroit tout ; qu'il pouvoit être accu-
» mulé & concentré, comme le fluide
» électrique ; qu'il agissoit dans l'é-
» loignement ; que les corps animés
» étoient divisés en deux classes, dont

» l'une étoit susceptible de ce magné-
» tisme, & l'autre d'une vertu opposée
» qui en supprime l'action. » Enfin, je
rendois raison des différentes sensations, & j'appuyois ces assertions des
expériences qui m'avoient mis en état
de les avancer.

Peu de jours avant la publication de
cette Lettre, j'appris que M. Ingenhousze, membre de l'Académie royale
de Londres, & Inoculateur à Vienne,
qui, en amusant la noblesse & les personnes distinguées, par des expériences
d'électricité renforcées, & par l'agré-
ment avec lequel il varioit les effets
de l'aimant, avoit acquis la réputation
d'être Physicien ; j'appris, dis-je, que
ce particulier entendant parler de mes
opérations, les traitoit de chimère, &
alloit jusqu'à dire, « que le génie An-
» glois étoit seul capable d'une telle
» découverte, si elle pouvoit avoir

» lieu. » Il se rendit chez moi, non pour se mieux instruire, mais dans l'intention unique de me persuader que je m'exposois à donner dans l'erreur, & que je devois supprimer toute publicité, pour éviter le ridicule qui en seroit la suite.

Je lui répondis qu'il n'avoit pas assez de lumières pour me donner ce conseil ; & qu'au surplus, je me ferois un plaisir de le convaincre à la première occasion. Elle se présenta deux jours après. La demoiselle Œsterline éprouva une frayeur & un refroidissement, qui lui occasionnèrent une suppression subite ; elle retomba dans ses premières convulsions. J'invitai M. Ingenhousze à se rendre chez moi. Il y vint accompagné d'un jeune Médecin. La malade étoit alors en syncope avec des convulsions. Je le prévins que c'étoit l'occasion la plus favorable pour se convaincre par lui-même de l'existence du principe que j'annonçois, & de la propriété qu'il avoit de se communiquer. Je le fis approcher de la malade, dont je m'éloignai, en lui disant de la toucher. Elle ne fit aucun mouvement. Je le rappelai près de moi, & lui communiquai le magnétisme animal en le prenant par les mains : je le fis ensuite rapprocher de la malade, me tenant toujours éloigné, & lui dis de la toucher une seconde fois ; il en résulta des mouvemens convulsifs. Je lui fis répéter plusieurs fois cet attouchement, qu'il faisoit du bout du doigt, dont il varioit chaque fois la direction; & toujours, à son grand étonnement, il opéroit un effet convulsif dans la partie qu'il touchoit. Cette opération terminée, il me dit qu'il étoit convaincu. Je lui proposai une seconde épreuve. Nous nous éloignâmes de la malade, de manière à n'en être pas apperçus, quand même elle auroit eu fa connoiffance. J'offris à M. Ingenhoufze fix taffes de porcelaine, & le priai de m'indiquer celle à laquelle il vouloit que je communiquaffe la vertu magnétique. Je la touchai d'après fon choix : je fis enfuite appliquer fucceffivement les fix taffes fur la main de la malade; lorfqu'on parvint à celle que j'avois touchée, la main fit un mouvement & donna des marques de douleurs. M. Ingenhoufze ayant fait repaffer les fix taffes, obtint le même effet.

Je fis alors rapporter ces taffes dans le lieu où elles avoient été prifes; & après un certain intervalle, lui tenant une main, je lui dis de toucher avec l'autre, celle de ces taffes qu'il voudroit; ce qu'il fit : ces taffes rapprochées de la malade, comme précédemment, il en résulta le même effet.

La communicabilité du principe étant bien établie aux yeux de M. Ingenhoufze, je lui propofai une troifième expérience, pour lui faire connoître fon action dans l'éloignement, & fa vertu pénétrante. Je dirigeai mon doigt vers la malade à la diftance de 8 pas : un inftant après, fon corps fut en convulfion, au point de la foulever fur fon lit avec les apparences de la douleur. Je continuai, dans la même pofition, à diriger mon doigt vers la malade, en plaçant M. Ingenhoufze entre elle & moi ; elle éprouva les mêmes fenfations. Ces épreuves répétées au gré de M. Ingenhoufze, je lui demandai s'il en étoit fatisfait, & s'il étoit convaincu des propriétés merveilleufes que je lui avois annoncées ; lui offrant, dans le cas contraire, de répéter nos procédés. Sa réponse fut, qu'il n'avoit plus rien à desirer & qu'il étoit convaincu ; mais qu'il m'invitoit , par l'attachement qu'il avoit pour moi , à ne rien communiquer au public sur cette matière , afin de ne pas m'exposer à son incrédulité. Nous nous séparâmes. Je me rapprochai de la malade pour continuer mon traitement ; il eut le plus heureux succès. Je parvins le même jour à rétablir le cours ordinaire de la nature , & à faire cesser par-là tous les accidens qu'avoient occasionnés la suppression.

Deux jours après, j'appris avec étonnement, que M. Ingenhousze tenoit dans le public des propos tout opposés à ceux qu'il avoit tenus chez moi, qu'il démentoit le succès des différentes expériences dont il avoit été témoin ; qu'il affectoit de confondre le MAGNÉTISME ANIMAL avec l'aimant; & qu'il cherchoit à ternir ma réputation, en répandant, qu'*avec le secours de plusieurs pièces aimantées, dont il s'étoit pourvu, il étoit parvenu à me démasquer, & à connoître que ce n'étoit qu'une supercherie ridicule & concertée.*

J'avouerai que de tels propos me parurent d'abord incroyables, & qu'il m'en coûta d'être forcé d'en regarder M. Ingenhoufze comme l'auteur; mais son association avec le Jésuite Hell, les écrits inconséquens de ce dernier, pour appuyer d'aussi odieuses imputations, & détruire l'effet de ma Lettre du 5 janvier, ne me permirent plus de douter que M. Ingenhoufze ne fût coupable. Je réfutai le père Hell, & me disposois à former une plainte, lorsque la demoiselle Œsterline, instruite des procédés de M. Ingenhoufze, fut tellement blessée de se voir ainsi compromise, qu'elle retomba encore dans ses premiers accidens, aggravés d'une fièvre nerveuse. Son état fixa toute mon attention pendant quinze jours. C'est dans cette circonstance, qu'en continuant mes recherches, je fus assez heureux pour surmonter les difficultés qui s'opposoient à ma marche, & pour donner à ma théorie la perfection que je desirois. La guérison de cette demoiselle en fut le premier fruit ; & j'ai eu la satisfaction de la voir, depuis cette époque, jouir d'une bonne santé, se marier, & avoir des enfans.

Ce fut pendant ces quinze jours que, déterminé à justifier ma conduite, & à donner au public une juste idée de mes moyens, en dévoilant la conduite de M. Ingenhousze, j'en instruisis M. de Stoërck, & lui demandai de prendre les ordres de la Cour, pour qu'une Commission de la Faculté fût chargée des faits, de les constater & de les rendre publics. Ma démarche parut être agréable à ce premier Médecin; il eut l'air de partager ma façon de penser, & il me promit d'agir en conséquence, en m'observant toutefois qu'il ne pouvoit pas être de la Commission. Je lui proposai plusieurs fois de venir voir la demoiselle Œsterline, & de s'assurer par lui-même du succès de mon traitement. Ses réponses, sur cet article, furent toujours vagues & incertaines. Je lui exposai combien il seroit avantageux à l'humanité d'établir dans la suite ma méthode dans les hôpitaux ; & je lui demandai d'en démontrer dans ce moment l'utilité dans celui des Espagnols: il y acquiesça, & donna l'ordre nécessaire à M. Reinlein, Médecin de cette maison. Ce dernier fut témoin pendant huit jours des effets & de l'utilité de mes visites ; il m'en témoigna plusieurs fois son étonnement, & en rendit compte à M. de Stoërck. Mais je m'apperçus bientôt qu'on avoit donné de nouvelles impressions à ce premier Médecin : je le voyois presque tous les jours, pour insister sur la demande d'une Commission, & lui rappeler les choses intéressantes dont je l'avois entretenu ; je ne voyois plus de sa part qu'indifférence, froideur, & éloignement pour tout ce qui avoit quelque relation avec cette matière. N'en pouvant rien obtenir, M. Reinlein ayant cessé de me rendre compte, étant d'ailleurs instruit que ce changement de conduite étoit le fruit des démarches de M. Ingenhoufze, je sentis mon insuffisance pour arrêter les progrès de l'intrigue, & je me condamnai au silence.

M. Ingenhoufze, enhardi par le succès de ses démarches, acquit de nouvelles forces ; il se fit un mérite de son incrédulité, & parvint en peu de temps à faire taxer d'esprit foible quiconque suspendoit son jugement, ou n'étoit pas de son avis. Il est aisé de comprendre qu'il n'en falloit pas davantage pour éloigner la multitude, & me faire regarder au moins comme un visionnaire, d'autant que l'indifférence de la Faculté sembloit appuyer cette opinion. Ce qui me parut bien étrange, fut de la voir accueillir, l'année suivante, par M. Klinkosch, professeur de Médecine à Prague, qui, sans me connoître & sans avoir aucune idée de l'état de la question, eut la foiblesse, pour ne rien dire de plus, d'appuyer dans des écrits publics *,

---

* *Lettre sur le Magnétisme animal & l'Elec-*

le singulier détail des impostures que M. Ingenhousze avoit avancées sur mon compte.

Quoi qu'il en fût alors de l'opinion publique, je crus que la vérite ne pouvoit être mieux appuyée que par des faits. J'entrepris le traitement de différentes maladies, telles, entre autres, qu'une hémiplégie, suite d'une apoplexie ; des suppressions, des vomissemens de sang, des coliques fréquentes & un sommeil convulsif dès l'enfance, avec un crachement de sang & ophtalmies habituelles. M. Bauer, professeur de Mathématiques à Vienne, d'un mérite distingué, étoit attaqué de cette dernière maladie. Mes travaux

---

trophore, adressée à M. le Comte de Kinsky. Elle a été insérée dans les Actes des Savans de Bohême, de l'année 1776, Tome II. Elle fut aussi imprimée séparément, & répandue à Vienne l'année suivante.

furent

furent suivis du plus heureux succès ; & M. Bauer eut l'honnêteté de donner lui-même au public une relation détaillée de sa guérison ; mais la prévention avoit pris le dessus. J'eus cependant la satisfaction d'être assez bien connu d'un grand Ministre, d'un Conseiller privé & d'un Conseiller aulique, amis de l'humanité, qui avoient souvent reconnu la vérité par eux-mêmes, pour la leur voir soutenir & protéger : ils firent même plusieurs tentatives pour écarter les ténèbres dont on cherchoit à l'obscurcir ; mais on les éloigna constamment, en leur opposant que l'avis des Médecins étoit seul capable de déterminer : leur bonne volonté se réduisit ainsi à m'offrir de donner à mes écrits la publicité qui me seroit nécessaire dans les pays étrangers.

Ce fut par cette voie que ma Lettre

explicative du 5 janvier 1775, fut communiquée à la plupart des Académies des Sciences, & à quelques Savans. La seule Académie de Berlin, fit le 24 mars de cette année, une réponse écrite, par laquelle, en confondant les propriétés du Magnétisme animal que j'annonçois, avec celles de l'aimant, dont je ne parlois que comme conducteur, elle tomboit dans différentes erreurs; & son avis étoit que j'étois dans l'illusion.

Cette Académie n'a pas seule donné dans l'erreur de confondre le MAGNÉTISME ANIMAL avec le *minéral*, quoique j'aie toujours persisté dans mes écrits à établir que l'usage de l'aimant, quoiqu'utile, étoit toujours imparfait sans le secours de la théorie du Magnétisme animal. Les Physiciens & Médecins avec lesquels j'ai été en correspondance, ou qui ont cherché à me pénétrer, pour ufurper cette découverte, ont prétendu & affecté de répandre, les uns que l'aimant étoit le feul agent que j'employaffe ; les autres, que j'y joignois l'électricité, & cela, parce qu'on favoit que j'avois fait ufage de ces deux moyens. La plupart d'entre eux ont été détrompés par leur propre expérience ; mais au lieu de reconnoître la vérité que j'annonçois, ils ont conclu, de ce qu'ils n'obtenoient pas de fuccès par l'ufage de ces deux agens, que les guérifons annoncées de ma part étoient fuppofées, & que ma théorie étoit illufoire. Le defir d'écarter pour jamais de femblables erreurs, & de mettre la vérité dans fon jour, m'a déterminé à ne plus faire aucun ufage de l'électricité ni de l'aimant depuis 1776.

Le peu d'accueil fait à ma découverte, & la foible efpérance qu'elle m'offroit pour l'avenir, me déterminèrent à ne plus rien entreprendre de public à Vienne, & à faire un voyage en Souabe & en Suisse, pour ajouter à mon expérience, & me mener à la vérité par des faits. J'eus effectivement la satisfaction d'obtenir plusieurs guérisons frappantes en Souabe, & d'opérer dans les hôpitaux, sous les yeux des Médecins de Berne & de Zurich, des effets qui, en ne leur laissant aucun doute sur l'existence du MAGNÉTISME ANIMAL, & sur l'utilité de ma théorie, dissipèrent l'erreur dans laquelle mes contradicteurs les avoient déja jetés.

Ce fut de l'année 1774 à celle de 1775, qu'un ecclésiastique homme de bonne foi, mais d'un zèle excessif, opéra dans le diocèse de Ratisbonne, sur différens malades du genre nerveux, des effets qui parurent surnaturels, aux yeux des hommes les moins prévenus & les plus éclairés de cette contrée. Sa réputation s'étendit jusqu'à Vienne, où la société étoit divisée en deux partis ; l'un traitoit ces effets d'impostures & de supercherie ; tandis que l'autre les regardoit comme des merveilles opérées par la puissance divine. L'un & l'autre cependant étoient dans l'erreur ; & mon expérience m'avoit appris dès-lors, que cet homme n'étoit en cela que l'instrument de la Nature. Ce n'étoit que parce que sa profession, secondée du hasard, déterminoit près de lui certaines combinaisons naturelles, qu'il renouveloit les symptômes périodiques des maladies, sans en connoître la cause. La fin de ces paroxismes étoit regardée comme des guérisons réelles : le temps seul put désabuser le public.

Me retirant à Vienne, sur la fin de

l'année 1775, je paffai par Munic, où fon Alteffe l'Electeur de Bavière, voulut bien me confulter fur cette matière, & me demander fi je pouvois lui expliquer ces prétendues merveilles. Je fis fous fes yeux des expériences qui écartèrent les préjugés de fa perfonne, en ne lui laiffant aucun doute fur la vérité que j'annonce. Ce fut peu de temps après que l'Académie des Sciences de cette capitale me fit l'honneur de m'admettre au rang des fes membres.

Je fis, en l'année 1776, un fecond voyage en Bavière ; j'y obtins les mêmes fuccès dans des maladies de différens genres. J'opérai particulièrement la guérifon d'une goutte-fereine imparfaite, avec paralyfie des membres, dont étoit attaqué M. d'Ofterwald, directeur de l'Académie des Sciences de Munic ; il a eu l'honnêteté d'en rendre compte au public, ainsi que des autres effets dont il avoit été témoin *. De retour à Vienne, je persistai jusqu'à la fin de la même année, à ne plus rien entreprendre; & je n'aurois pas changé de résolution, si mes amis ne s'étoient réunis pour la combattre : leurs instances, jointes au desir que j'avois de faire triompher la vérité, me firent concevoir l'espérance d'y parvenir par de nouveaux succès, & sur-tout par quelque guérison éclatante. J'entrepris dans cette vue, entre autres malades, la demoiselle Paradis, âgée de 18 ans,

---

* On a publié au commencement de 1778, un *Recueil des Cures opérées par le Magnétisme*, imprimé à *Leipsic*. Ce Recueil informe, dont j'ignore l'auteur, n'a que le mérite d'avoir réuni fidèlement, & sans partialité, les Relations & les Ecrits pour & contre mon système.

née de parens connus : particulièrement connue elle-même de Sa Majesté l'Impératrice-Reine, elle recevoit de sa bienfaisance une pension dont elle jouissoit, comme absolument aveugle, depuis l'âge de 4 ans. C'étoit une goutte-sereine parfaite, avec des convulsions dans les yeux. Elle étoit de plus attaquée d'une mélancolie, accompagnée d'obstructions à la rate & au foie, qui la jetoient souvent dans des accès de délire & de fureur, propres à persuader qu'elle étoit d'une folie consommée.

J'entrepris encore la nommée Zwelferine, âgée de 19 ans, étant aveugle dès l'âge de deux ans d'une goutte-sereine, accompagnée d'une taie rideuse & très-épaisse, avec atrophie du globe; elle étoit de plus attaquée d'un crachement de sang périodique. J'avois pris cette fille dans la maison des Or-

du Magnétisme animal. 41

phelins à Vienne ; son aveuglement étoit attesté par les Administrateurs.

J'entrepris, dans le même temps, la demoiselle Ossine, âgée de 18 ans, pensionnée de Sa Majesté, comme fille d'un officier de ses armées. Sa maladie consistoit dans une phthisie purulente & une mélancolie atrabilaire, accompagnée de convulsions, fureur, vomissemens, crachemens de sang, & syncopes. Ces trois malades étoient, ainsi que d'autres, logées dans ma maison, pour pouvoir suivre mon traitement sans interruption. J'ai été assez heureux pour pouvoir les guérir toutes les trois.

Le père & la mère de la demoiselle Paradis, témoins de sa guérison, & des progrès qu'elle faisoit dans l'usage de ses yeux, s'empressèrent de répandre cet évènement & leur satisfaction. On accourut en foule chez moi pour s'en assurer; & chacun, après avoir mis la malade à un genre d'épreuve, se retiroit dans l'admiration, en me disant les choses les plus flatteuses.

Les deux Présidens de la Faculté, à la tête d'une députation de leur corps, déterminés par les instances répétées de M. Paradis, se rendirent chez moi; & après avoir examiné cette demoiselle, ils joignirent hautement leur témoignage à celui du public. M. de Stoërck, l'un de ces Messieurs, qui connoissoit particulièrement cette jeune personne, l'ayant traitée pendant dix ans sans aucun succès, m'exprima sa satisfaction d'une cure aussi intéressante, & ses regrets d'avoir autant différé à favoriser, par son aveu, l'importance de cette découverte. Plusieurs Médecins, chacun en particulier, suivirent l'exemple de nos chefs,

& rendirent le même hommage à la vérité.

D'après des démarches aussi authentiques, M. Paradis crut devoir exprimer sa reconnoissance en la transmettant, par ses écrits, à toute l'Europe. C'est lui qui, dans le temps, a consacré dans les feuilles publiques, les détails * intéressans de la guérison de sa fille.

Du nombre des Médecins qui étoient

---

* Voici, pour la satisfaction du lecteur, le Précis historique de cette cure singulière; il a été fidèlement extrait de la relation écrite en langue allemande, par le Père lui-même. C'est lui qui me l'a remise au mois de mars de l'année 1777, pour la rendre publique; elle est actuellement sous mes yeux.

Marie-Thérèse Paradis, fille unique de M. Paradis, Secrétaire de LL. MM. II. & RR. est née à Vienne le 15 mai 1759: elle avoit les yeux bien organisés.

venus chez moi satisfaire leur curiosité, étoit M. Barth, professeur d'Anatomie des maladies des yeux, & opérant de la cataracte; il avoit même reconnu deux fois que la demoiselle Paradis jouissoit de la faculté de voir. Cet homme emporté par l'envie, osa répandre dans le public que cette demoiselle ne voyoit pas, & qu'il s'en étoit assuré par lui-même; il appuyoit cette assertion, de ce qu'elle ignoroit

---

Le 9 décembre 1762, on s'apperçut à son réveil qu'elle n'y voyoit plus; ses parens furent d'autant plus surpris & affligés de cet accident subit, que depuis sa naissance, rien n'avoit annoncé de l'altération dans cet organe.

On reconnut que c'étoit une goutte-sereine parfaite, dont la cause pouvoit être une humeur répercutée, ou une frayeur dont cet enfant pouvoit avoir été frappé la même nuit, par un bruit qui se fit à la porte de sa chambre.

ou confondoit le nom des objets qui lui étoient préfentés. On lui répondoit de toute part, qu'il confondoit en cela l'incapacité néceffaire des aveugles de naiffance ou du premier âge, avec les connoiffances acquifes des aveugles opérés de la cataracte. Comment, lui difoit-on, un homme de votre profeffion peut-il produire une erreur auffi groffière ? Mais fon impudence répondoit à tout par l'affirmative du con-

---

Les parens défolés, employèrent d'abord les moyens qui furent jugés les plus propres à remédier à cet accident, tels que les véficatoires, les fangfues & les cautères.

Le premier de ces moyens fut même porté fort loin, puifque pendant plus de deux mois fa tête fut couverte d'un emplâtre, qui entretenoit une fuppuration continuelle. On y joignit pendant plufieurs années les purgatifs & apéritifs, l'ufage de la plante pulfatille & de la racine valériane. Ces différens moyens

traire. Le public avoit beau lui répéter que mille témoins déposoient en faveur de la guérison ; lui seul soutenant la négative, s'associoit ainsi à M. Ingenhousze, Inoculateur dont j'ai parlé.

Ces deux personnages, traités d'abord comme extravagans par les personnes honnêtes & sensées, parvinrent à former une cabale pour enlever la demoiselle Paradis à mes soins, dans l'état d'imperfection où étoient encore ses yeux, d'empêcher qu'elle fût pré-

---

n'eurent aucuns succès ; son état même étoit aggravé de convulsions dans les yeux & les paupières, qui, en se portant vers le cerveau, donnoient lieu à des transports qui faisoient craindre l'aliénation d'esprit. Ses yeux devinrent saillans, & ils étoient tellement déplacés, qu'on n'appercevoit le plus souvent que le blanc ; ce qui, joint à la convulsion, rendoit son aspect désagréable & pénible à supporter. On eut recours, l'année dernière,

fentée à Sa Majesté, comme elle devoit l'être, & d'accréditer ainsi sans retour l'imposture avancée. On entreprit à cet effet d'échauffer M. Paradis, par la crainte de voir supprimer la pension de sa fille, & plusieurs autres avantages qui lui étoient annoncés. En conséquence, il réclama sa fille. Celle-ci, de concert avec sa mère, lui témoigna sa répugnance, & la crainte que sa

---

à l'électricité, qui lui a été administrée sur les yeux, par plus de trois mille secousses; elle en éprouvoit jusqu'à cent par séance. Ce dernier moyen lui a été funeste, & il a tellement ajouté à son irritabilité & à ses convulsions, qu'on n'a pu la préserver d'accident que par des saignées réitérées.

M. le Baron de Wenzel, dans son dernier séjour à Vienne, fut chargé de la part de S. M. de l'examiner & de lui donner des secours, s'il étoit possible; il dit après cet examen, qu'il la croyoit incurable.

guérison ne fût imparfaite. On insista ; & cette contrariété, en renouvelant ses convulsions, lui occasionna une rechute fâcheuse. Elle n'eut cependant point de suite relativement à ses yeux ; elle continua à en perfectionner l'usage. Le père la voyant mieux, & toujours animé par la cabale, renouvela ses démarches ; il redemanda sa fille avec chaleur, & força sa femme à l'exiger. La fille résista, par les mêmes motifs que précédemment. La mère, qui jusqu'alors les avoit appuyés,

---

Malgré cet état & les douleurs qui l'accompagnoient, ses parens ne négligèrent rien pour son éducation & la distraire de ses souffrances : elle avoit fait de grands progrès dans la musique ; & son talent sur l'orgue & le clavecin, lui procura l'heureux avantage d'être connue de l'Impératrice-Reine. Sa Majesté, touchée de son malheureux état, a bien voulu lui accorder une pension.

&

& m'avoit prié d'excuser les extravagances de son mari, vint m'annoncer le 29 avril, qu'elle entendoit dès l'instant retirer sa fille. Je lui répondis qu'elle en étoit la maîtresse ; mais que s'il en résultoit de nouveaux accidens, elle devoit renoncer à mes soins. Ce propos fut entendu de sa fille ; il émut sa sensibilité, & elle retomba dans un

―――――――――――――――

Le docteur Mesmer, Médecin, connu depuis quelques années par la découverte du Magnétisme animal, & qui avoit été témoin des premiers traitemens qui lui avoient été faits dans son enfance, observoit depuis quelque temps cette malade avec une attention particulière, toutes les fois qu'il avoit occasion de la rencontrer ; il s'informoit des circonstances qui avoient accompagné cette maladie, & des moyens dont on s'étoit servi pour la traiter jusqu'alors. Ce qu'il jugeoit le plus contraire, & qui paroissoit l'inquiéter, fut la manière dont on avoit fait usage de l'électricité.

état de convulsion. Elle fut secourue par M. le comte de Pellegrini, l'un de mes malades. La mère qui entendit ses cris, me quitta brusquement, arracha sa fille avec fureur des mains de la personne qui la secouroit, en disant : Malheureuse, tu es aussi d'intelligence avec les gens de cette maison ! & la jeta avec rage la tête contre la muraille. Tous les accidens de cette infortunée se renouvelèrent. J'accourus

---

Nonobstant le degré où cette maladie étoit parvenue, il fit espérer à la famille qu'il feroit reprendre aux yeux leur position naturelle, en appaisant les convulsions & calmant les douleurs ; & quoiqu'on ait su par la suite qu'il avoit dès-lors conçu l'espérance de lui rendre la faculté de voir, il ne la témoigna point aux parens, auxquels une expérience malheureuse & des contrariétés soutenues, avoient fait former la résolution de ne plus faire aucune tentative pour une guérison qu'ils regardoient comme impossible.

vers elle pour la fecourir; la mère toujours en fureur, fe jeta fur moi, pour m'en empêcher, en m'accablant d'injures. Je l'éloignai par la médiation de quelques perfonnes de ma famille, & je me rapprochai de fa fille pour lui donner mes foins. Pendant qu'elle m'occupoit, j'entendis de nouveaux cris de fureur, & des efforts répétés pour ouvrir & fermer alternativement la porte de la pièce où j'étois. C'étoit le fieur Paradis, qui, averti par un domeftique de fa femme,

---

M. Mefmer a commencé fon traitement le 20 janvier dernier : fes premiers effets ont été de la chaleur & de la rougeur à la tête; elle avoit enfuite du tremblement aux jambes & aux bras; elle éprouvoit à la nuque un léger tiraillement, qui portoit fa tête en arrière, & qui, en augmentant fucceffivement, ajoutoit à l'ébranlement convulfif des yeux.

s'étoit introduit chez moi l'épée à la main, & vouloit entrer dans cet appartement, tandis que mon domestique cherchoit à l'éloigner en assurant ma porte. On parvint à désarmer ce furieux, & il sortit de ma maison, après avoir vomi mille imprécations contre moi & ma famille. Sa femme, d'un autre côté, étoit tombée en foiblesse; je lui fis donner les secours dont elle avoit besoin, & elle se retira quelques heures après; mais leur malheureuse fille éprouvoit des vomisse-

───────────────────────

Le second jour du traitement, M. Mesmer produisit un effet qui surprit beaucoup les personnes qui en furent témoins: étant assis à côté de la malade, il dirigeoit sa canne vers sa figure représentée par une glace, & en même temps qu'il agitoit cette canne, la tête de la malade en suivoit les mouvemens; cette sensation étoit si forte, qu'elle annonçoit elle-même les différentes variations du

mens, des convulsions & des fureurs, que le moindre bruit, & sur-tout le son des cloches, renouveloit avec excès. Elle étoit même retombée dans son premier aveuglement, par la violence du coup que sa mère lui avoit occasionné, ce qui me donnoit lieu de craindre pour l'état du cerveau.

Tels furent pour elle & pour moi, les funestes effets de cette affligeante scène. Il m'eût été facile d'en faire constater

---

mouvement de la canne. On s'apperçut bientôt, que l'agitation des yeux s'augmentoit & diminuoit alternativement, d'une manière très-sensible ; leurs mouvemens multipliés en dehors & en dedans, étoient quelquefois suivis d'un entière tranquillité ; elle fut absolue dès le quatrième jour, & les yeux prirent leur situation naturelle : ce qui donna lieu de remarquer que le gauche étoit plus petit que le droit ; mais en continuant le traitement, ils s'égalisèrent parfaitement.

juridiquement les excès, par le témoignage de M. le comte de Pellegrini, & celui de huit personnes qui étoient chez moi, sans parler d'autant de voisins qui étoient en état de déposer la vérité ; mais uniquement occupé de sauver, s'il étoit possible, la demoiselle Paradis, je négligeois tous les moyens que m'offroit la justice. Mes

---

Le tremblement des membres cessa peu de jours après ; mais elle éprouvoit à l'occiput une douleur qui pénétroit la tête, & augmentoit en s'insinuant en avant : lorsqu'elle parvint à la partie où s'unissent les nerfs optiques, il lui sembla pendant deux jours que sa tête se divisoit en deux parties. Cette douleur suivit les nerfs optiques, en se divisant comme eux ; elle la définissoit comme des piquûres de pointes d'aiguilles, qui, en s'avançant successivement vers les globes, parvinrent à les pénétrer & à s'y multiplier en se répandant dans la rétine. Ces sensations étoient souvent accompagnées de secousses.

amis se réunirent en vain pour me faire entrevoir l'ingratitude démontrée de cette famille, & les suites infructueuses de mes travaux ; j'insistois dans ma première résolution, & j'aurois à m'en féliciter, si j'avois pu vaincre, par des bienfaits, les ennemis de la vérité & de mon repos.

J'appris le lendemain que le sieur

L'odorat de la malade étoit altéré depuis plusieurs années, & la sécrétion du mucus ne se faisoit pas. Son traitement lui fit éprouver un gonflement intérieur du nez & des parties voisines, qui se détermina dans huit jours, par une évacuation copieuse d'une matière verte & visqueuse ; elle eut en même temps une diarrhée d'une abondance extraordinaire ; les douleurs des yeux s'augmentèrent, & elle se plaignit de vertiges. M. Mesmer jugea qu'ils étoient l'effet des premières impressions de la lumière ; il fit alors demeurer la malade chez lui, afin de s'assurer des précautions nécessaires.

Paradis, cherchant à couvrir ſes excès, répandoit dans le public les imputations les plus atroces ſur mon compte, & toujours dans la vue de retirer ſa fille, & de prouver, par ſon état, le danger de mes moyens. Je reçus, en effet, par M. Ost, médecin de la Cour, un *ordre* par écrit de M. de Stoërck, en ſa qualité de premier médecin, *daté de Schoenbrunn, le 2 mai 1777*,

---

La ſenſibilité de cet organe devint telle, qu'après avoir couvert ſes yeux d'un triple bandeau, il fut encore forcé de la tenir dans une chambre obſcure, d'autant que la moindre impreſſion de la lumière, ſur toutes les parties du corps indifféremment, l'agitoit au point de la faire tomber. La douleur qu'elle éprouvoit dans les yeux changea ſucceſſivement de nature; elle étoit d'abord générale & cuiſante, ce fut enſuite une vive démangeaiſon, qui ſe termina par une ſenſation ſemblable à celle que produiroit un pinceau légèrement promené ſur la rétine.

qui m'enjoignoit de *finir cette supercherie* (c'étoit son expression), « & de » rendre la demoiselle Paradis à sa » famille, si je pensois qu'elle pût » l'être sans danger. »

Qui auroit pu croire que M. de Stoërck, qui étoit bien instruit, par le même médecin, de tout ce qui s'étoit passé chez moi, & qui, depuis sa pre-

---

Ces effets progressifs donnèrent lieu à M. Mesmer de penser que la cure étoit assez avancée, pour donner à la malade une première idée de la lumière & de ses modifications. Il lui ôta le bandeau, en la laissant dans la chambre obscure, & l'invita à faire attention à ce qu'éprouvoient ses yeux devant lesquels il plaçoit alternativement des objets blancs & noirs ; elle expliquoit la sensation que lui occasionnoient les premiers, comme si on lui insinuoit dans le globe des pointes subtiles, dont l'effet douloureux prenoit la direction du cerveau : cette douleur & les différentes sensations qui l'accompagnoient,

mière visite, étoit venu deux fois se convaincre par lui-même des progrès de la malade, & de l'utilité de mes moyens, se fût permis d'employer à mon égard l'expression de l'offense & du mépris ? J'avois lieu de penser au contraire, qu'essentiellement placé pour reconnoître une vérité de ce

---

augmentoient & diminuoient en raison du degré de blancheur des objets qui étoient présentés; & M. Mesmer les faisoit cesser tout-à-fait, en leur substituant des noirs.

Par ces effets successifs & opposés, il fit connoître à la malade que la cause de ces sensations étoit externe, & qu'elles différoient en cela de celles qu'elle avoit eues jusqu'alors; il parvint ainsi à lui faire concevoir la différence de la lumière & de sa privation, ainsi que de leur gradation. Pour continuer son instruction, M. Mesmer lui présenta les différentes couleurs; elle observoit alors que la lumière s'insinuoit plus doucement, & lui laissoit quelque impression;

genre, il en feroit le défenfeur. J'ofe même dire que, comme Préfident de la Faculté, plus encore, comme dépofitaire de la confiance de Sa Majefté, c'étoit le premier de fes devoirs de protéger, dans cette circonftance, un membre de la Faculté qu'il favoit être fans reproche, & qu'il avoit cent fois affuré de fon attachement & de fon eftime. Je répondis, au furplus, à cet

---

elle les diftingua bientôt en les comparant, mais fans pouvoir retenir leurs noms, quoiqu'elle eût une mémoire très-heureufe. A l'afpect du noir, elle difoit triftement qu'elle ne voyoit plus rien, & que cela lui rappeloit fa cécité.

Dans les premiers jours, l'impreffion d'un objet fur la rétine, duroit une minute après l'avoir regardé; enforte que pour en diftinguer un autre, & ne le pas confondre avec le premier, elle étoit forcée de couvrir fes yeux pendant que duroit fa première impreffion.

ordre peu réfléchi, que la malade étoit hors d'état d'être transportée sans être exposée à périr.

Le danger de la mort auquel étoit exposée mademoiselle Paradis, en imposa sans doute à son père, & lui fit faire quelques réflexions. Il employa près de moi la médiation de deux personnes recommandables, pour m'engager à donner encore mes soins à sa fille. Je lui fis dire que ce seroit à la condition, que ni lui ni sa femme ne

---

Elle distinguoit dans une obscurité où les autres personnes voyoient difficilement; mais elle perdit successivement cette faculté, lorsque ses yeux purent admettre plus de lumière.

Les muscles moteurs de ses yeux ne lui ayant point servi jusque-là, il a fallu lui en apprendre l'usage pour diriger les mouvemens de cet organe, chercher les objets, les voir, les fixer directement, & indiquer leur

paroîtroient plus dans ma maison. Mon traitement, en effet, surpassa mes espérances, & neuf jours suffirent pour calmer entièrement les convulsions & faire cesser les accidens; mais l'aveuglement étoit le même.

Quinze jours de traitement le firent cesser, & rétablirent l'organe dans l'état où il étoit avant l'accident. J'y joignis encore quinze jours d'instruc-

situation. Cette instruction, dont on ne peut rendre les difficultés multipliées, étoit d'autant plus pénible, qu'elle étoit souvent interrompue par des accès de mélancolie, qui étoient une suite de sa maladie.

Le 9 février, M. Mesmer essaya, pour la première fois, de lui faire voir des figures & des mouvemens; il se présenta lui-même devant elle dans la chambre obscure. Elle fut effrayée en voyant la figure humaine: le nez lui parut ridicule, & pendant plusieurs jours elle ne pouvoit le regarder sans éclater de rire. Elle demanda à voir un chien qu'elle

tion, pour perfectionner & raffermir sa santé. Le public vint alors s'assurer de son rétablissement, & chacun en particulier me donna, même par écrit, de nouveaux témoignages de sa satisfaction. Le sieur Paradis, assuré du bon état de sa fille par M. Ost, qui, à sa requisition, & de mon consentement, suivoit les progrès du traitement, écrivit une lettre à ma femme, où il la remercioit de ses soins mater-

---

caressoit souvent ; l'aspect de cet animal lui parut plus agréable que celui de l'homme. Ne sachant pas le nom des figures, elle en désignoit exactement la forme avec le doigt. Un point d'instruction des plus difficiles, a été de lui apprendre à toucher ce qu'elle voyoit & à combiner ces deux facultés: N'ayant aucune idée de la distance, tout lui sembloit à sa portée, quel qu'en fût l'éloignement, & les objets lui paroissoient s'agrandir à mesure qu'elle s'en approchoit.

nels. Il m'adreſſa auſſi le même remerciement, en me priant d'agréer ſes excuſes ſur le paſſé, & ſa reconnoiſſance pour l'avenir : il terminoit en me priant de lui renvoyer ſa fille, pour lui faire reſpirer l'air de la campagne où il alloit ſe rendre ; que de-là il la renverroit chez moi, toutes les fois que je le jugerois néceſſaire pour continuer ſon inſtruction, & qu'il eſ-

---

L'exercice continuel qu'elle étoit obligée de faire pour combattre ſa mal-adreſſe, & le grand nombre de choſes qu'elle avoit à apprendre, la chagrinoit quelquefois au point de lui faire regretter ſon état précédent ; d'autant que, lorſqu'elle étoit aveugle, on admiroit ſon adreſſe & ſon intelligence. Mais ſa gaieté naturelle lui faiſoit prendre le deſſus, & les ſoins continués de M. Meſmer lui faiſoient faire de nouveaux progrès. Elle eſt inſenſiblement parvenue à ſoutenir le grand jour, & à diſtinguer parfaitement les objets à toute diſtance ; rien ne lui échappoit, même

péroit que je voudrois bien lui accorder mes soins. Je le crus de bonne foi, & lui renvoyai sa fille le 8 du mois de juin. J'appris dès le lendemain, que sa famille affectoit de répandre qu'elle étoit toujours aveugle & convulsive, & la présentoit comme telle, en la forçant d'imiter les convulsions & l'aveuglement. Cette nouvelle éprouva d'abord quelques contradictions de la

---

dans les figures peintes en miniature, dont elle contrefaisoit les traits & l'attitude. Elle avoit même le talent singulier de juger, avec une exactitude surprenante, le caractère des personnes qu'elle voyoit, par leur physionomie. La première fois qu'elle a vu le ciel étoilé, elle a témoigné de l'étonnement & de l'admiration ; & depuis ce moment, tous les objets qui lui sont présentés, comme beaux & agréables, lui paroissent très-inférieurs à l'aspect des étoiles, pour lesquelles elle témoigne une préférence & un empressement décidés.

part

par des personnes qui s'étoient assurées du contraire; mais elle fut soutenue & accréditée par la cabale obscure dont le sieur Paradis étoit l'instrument, sans qu'il me fût possible d'en arrêter les progrès par les témoignages les plus recommandables, tels que ceux de M. de Spielmann, Conseiller aulique de LL. MM. & directeur de la Chancellerie d'Etat; de MM. les Conseillers de LL. MM. de Molitor, de

---

Le grand nombre de personnes de tous les états, qui venoit la voir, a fait craindre à M. Mesmer qu'elle n'en fut excessivement fatiguée, & sa prudence l'a engagé à prendre des précautions à cet égard. Ses contradicteurs s'en sont prévalus, ainsi que de la maladresse & de l'incapacité de la jeune personne, pour attaquer la réalité de sa guérison; mais M. Mesmer assure que l'organe est dans sa perfection, & qu'elle en falicitera l'usage en l'exerçant avec application & persévérance.

Umlauer, médecin de LL. MM. ; de Boulanger, de Heufeld, & de MM. le baron de Colnbach & de Weber, qui, indépendamment de plusieurs autres personnes, ont suivi par eux-mêmes, presque tous les jours, mes procédés & leurs effets. C'est ainsi qu'on est successivement parvenu, malgré ma persévérance & mes travaux, à placer au rang des suppositions, ou tout au moins des choses les plus incertaines, la vérité la plus authentiquement démontrée.

Il est aisé de concevoir combien je devois être affecté de l'acharnement de mes adversaires à me nuire, & de l'ingratitude d'une famille que j'avois comblée de bienfaits. Néanmoins, je continuai pendant les six derniers mois de l'année 1777, à perfectionner la guérison de la demoiselle Ossine & de la nommée Zwelferine, dont on se rappellera qu'à l'égard des yeux, l'état étoit encore plus grave que celui de la demoiselle Paradis. Je continuai encore avec succès le traitement des malades qui me restoient, particulièrement celui de la demoiselle Wipior, âgée de neuf ans, ayant sur un œil une excroissance de la cornée, connue sous le nom de staphylome; & cette élévation de nature cartilagineuse, qui étoit de 3 à 4 lignes, la privoit de la faculté de voir de cet œil-là. Je suis heureusement parvenu à résoudre cette excroissance, au point de lui rendre la faculté de lire de côté. Il ne lui restoit qu'une taie légère au centre de la cornée, & je ne doute pas que je ne l'eusse fait disparoître entièrement, si les circonstances m'avoient permis de prolonger son traitement ; mais fatigué de mes travaux depuis douze ans consécutifs, plus encore de l'animosité soutenue de mes adversaires, sans avoir recueilli de mes recherches & de mes peines, d'autre satisfaction que celle que l'adversité ne pouvoit m'ôter, je crus avoir rempli, jusqu'alors, tout ce que je devois à mes concitoyens ; & persuadé qu'un jour on me rendroit plus de justice, je résolus de voyager, dans l'unique objet de me procurer le délassement dont j'avois besoin. Mais pour aller, autant qu'il étoit en moi, au devant du préjugé & des imputations, je disposai les choses de manière à laisser chez moi, pendant mon absence, la demoiselle Ossine & la nommée Zwelferine. J'ai pris depuis la précaution de dire au public le motif de cet arrangement, en lui annonçant que ces personnes étoient dans ma maison, pour que leur état pût être constaté à chaque instant, & servir d'appui à la vérité. Elles y ont resté huit mois depuis mon départ de Vienne, & n'en sont sorties que par ordre supérieur.

Arrivé à Paris * au mois de février 1778, je commençai à y jouir des douceurs du repos, & à me livrer entièrement à l'intéressante relation des

---

* Mes adversaires, toujours occupés de me nuire, s'empressèrent de répandre, à mon arrivée en France, des préventions sur mon compte. Ils se sont permis de compromettre la Faculté de Vienne, en faisant insérer une Lettre anonyme dans *le Journal Encyclopédique* du mois de mars 1778, page 506; & M. *Hell, Bailli d'Hirsingen & de Lundzer*, n'a pas craint de prêter son nom à cet écrit diffamatoire. Je n'en étois cependant pas connu; & je ne l'ai vu qu'à Paris, depuis cette époque, pour en recevoir des excuses. L'infidélité, les inconséquences & la malignité de cette Lettre, ne méritent au surplus que du mépris; il suffit de la lire pour s'en convaincre.

Savans & des Médecins de cette Capitale, lorsque, pour répondre aux prévenances & aux honnêtetés dont ils me combloient, je fus porté à satisfaire leur curiosité, en leur parlant de mon systême. Surpris de sa nature & de ses effets, ils m'en demandèrent l'explication. Je leur donnai mes Assertions sommaires en dix-neuf articles *. Elles leur parurent sans aucune relation avec les connoissances établies. Je sentis, en effet, combien il étoit difficile de persuader, par le seul raisonnement, l'existence d'un principe dont on n'avoit encore au-

---

* Ces mêmes Assertions ont été transmises en 1776, à la Société royale de Londres, par M. Elliot, Envoyé d'Angleterre à la Diète de Ratisbonne; je les avois communiquées à ce Ministre, sur sa demande, après avoir fait sous ses yeux des expériences multipliées à Munic & à Ratisbonne.

cune idée ; & je me rendis, par cette confidération, à la demande qui m'étoit faite, de démontrer la réalité & l'utilité de ma théorie, par le traitement de quelques maladies graves.

Plufieurs malades m'ont donné leur confiance ; la plupart étoient dans un état fi défefpéré, qu'il a fallu tout mon defir de leur être utile, pour me déterminer à les entreprendre : cependant j'ai obtenu la guérifon d'une mélancolie vaporeufe avec vomiffement fpafmodique ; de plufieurs obftructions invétérées à la rate, au foié & au méfentère ; d'une goutte-fereine imparfaite, au degré d'empêcher la malade de fe conduire feule ; d'une paralyfie générale avec tremblement, qui donnoit au malade, âgé de 40 ans, toutes les apparences de la vieilleffe & de l'ivreffe : cette maladie étoit la fuite d'une gelure; elle avoit été aggravée par les effets d'une fièvre putride & maligne, dont ce malade avoit été attaqué, il y a six ans, en Amérique. J'ai encore obtenu le même succès sur une paralysie absolue des jambes, avec atrophie; sur un vomissement habituel, qui réduisoit la malade dans l'état de marasme; sur une cachexie scrophuleuse; & enfin, sur une dégénération générale des organes de la transpiration.

Ces malades, dont l'état étoit connu & constaté des Médecins de la Faculté de Paris, ont tous éprouvé des crises & des évacuations sensibles, & analogues à la nature de leurs maladies, sans avoir fait usage d'aucun médicament; & après avoir terminé leur traitement, ils m'en ont laissé une déclaration détaillée.

EN VOILA sans doute plus qu'il n'en

falloit pour démontrer, fans replique, les avantages de ma méthode, & j'avois lieu de me flatter que la conviction en feroit la fuite ; mais les perfonnes qui m'avoient déterminé à entreprendre ce traitement, ne fe font point mifes à portée d'en reconnoître les effets, & cela, par des confidérations & des motifs dont le détail feroit déplacé dans ce Mémoire. Il eft réfulté que les cures, n'ayant point été communiquées, contre mon attente, à des Corps dont la feule confidération pouvoit fixer l'opinion publique, n'ont rempli que très-imparfaitement l'objet que je m'étois propofé, & dont on m'avoit flatté ; ce qui me porte à faire aujourd'hui un nouvel effort pour le triomphe de la vérité, en donnant plus d'étendue à mes premières Affertions, & une publicité qui leur a manqué jufqu'ici.

PROPOSITIONS.

1°. Il existe une influence mutuelle entre les Corps Célestes, la Terre & les Corps Animés.

2°. Un fluide universellement répandu, & continué de manière à ne souffrir aucun vuide, dont la subtilité ne permet aucune comparaison, & qui, de sa nature, est susceptible de recevoir, propager & communiquer toutes les impressions du mouvement, est le moyen de cette influence.

3°. Cette action réciproque est soumise à des lois mécaniques, inconnues jusqu'à présent.

4°. Il résulte de cette action, des effets alternatifs, qui peuvent être considérés comme un **Flux & Reflux**.

5°. Ce flux & reflux est plus ou moins général, plus ou moins particulier, plus ou moins composé, selon la nature des causes qui le déterminent.

6°. C'est par cette opération (la plus universelle de celles que la Nature nous offre) que les relations d'activité, s'exercent entre les corps célestes, la terre & ses parties constitutives.

7°. Les propriétés de la Matière & du Corps Organisé, dépendent de cette opération.

8°. Le corps animal éprouve les effets alternatifs de cet agent; & c'est en s'insinuant dans la substance des nerfs, qu'il les affecte immédiatement.

9°. Il se manifeste particulièrement dans le corps humain, des propriétés analogues à celles de l'Aimant; on y distingue des pôles également divers & opposés, qui peuvent être communiqués, changés, détruits & renforcés; le phénomène même de l'inclinaison y est observé.

10°. La propriété du corps animal, qui le rend fusceptible de l'influence des corps célestes, & de l'action réciproque de ceux qui l'environnent, manifestée par son analogie avec l'Aimant, m'a déterminé à la nommer MAGNÉTISME ANIMAL.

11°. L'action & la vertu du Magnétisme animal, ainsi caractérisées, peuvent être communiquées à d'autres corps animés & inanimés. Les uns & les autres en font cependant plus ou moins fusceptibles.

12°. Cette action & cette vertu, peuvent être renforcées & propagées par ces mêmes corps.

13°. On observe à l'expérience

l'écoulement d'une matière dont la subtilité pénètre tous les corps, sans perdre notablement de son activité.

14°. Son action a lieu à une distance éloignée, sans le secours d'aucun corps intermédiaire.

15°. Elle est augmentée & réfléchie par les glaces, comme la lumière.

16°. Elle est communiquée, propagée & augmentée par le son.

17°. Cette vertu magnétique peut être accumulée, concentrée & transportée.

18°. J'ai dit que les corps animés n'en étoient pas également fusceptibles : il en est même, quoique très-rares, qui ont une propriété si opposée, que leur feule préfence détruit tous les effets de ce magnétifme dans les autres corps.

19°. Cette vertu oppofée pénètre aussi tous les corps; elle peut être également communiquée, propagée, accumulée, concentrée & tranfportée, réfléchie par les glaces, & propagée par le fon ; ce qui conftitue, non-feulement une privation, mais une vertu oppofée pofitive.

20°. L'Aimant, foit naturel, foit artificiel, eft, ainfi que les autrès corps, susceptible du Magnétisme animal, & même de la vertu opposée, sans que, ni dans l'un ni dans l'autre cas, son action sur le fer & l'aiguille souffre aucune altération ; ce qui prouve que le principe du Magnétisme animal diffère essentiellement de celui du minéral.

21°. Ce systême fournira de nouveaux éclaircissemens sur la nature du Feu & de la Lumière, ainsi que dans la théorie de l'Attraction, du Flux & Reflux, de l'Aimant & de l'Electricité.

22°. Il fera connoître que l'Aimant & l'Electricité artificielle, n'ont à l'égard des maladies, que des

des propriétés communes avec plusieurs autres agens que la Nature nous offre ; & que s'il est résulté quelques effets utiles de l'administration de ceux-là, ils sont dus au Magnétisme animal.

23°. On reconnoîtra par les faits, d'après les règles pratiques que j'établirai, que ce principe peut guérir immédiatement les maladies des nerfs, & médiatement les autres.

24°. Qu'avec son secours, le Médecin est éclairé sur l'usage des médicamens ; qu'il perfectionne leur action, & qu'il provoque & dirige les crises salutaires, de manière à s'en rendre le maître.

F.

25°. En communiquant ma méthode, je démontrerai par une théorie nouvelle des maladies, l'utilité univerſelle du principe que je leur oppoſe.

26°. Avec cette connoiſſance, le Médecin jugera sûrement l'origine, la nature & les progrès des maladies, même des plus compliquées; il en empêchera l'accroiſſement, & parviendra à leur guériſon, ſans jamais expoſer le malade à des effets dangereux ou des ſuites fâcheuſes, quels que ſoient l'âge, le tempérament & le ſexe. Les femmes même dans l'état de groſſeſſe & lors des accouchemens, jouiront du même avantage.

27°. Cette doctrine, enfin, mettra le Médecin en état de bien juger du degré de santé de chaque individu, & de le préserver des maladies auxquelles il pourroit être exposé. L'art de guérir, parviendra ainsi à sa dernière perfection.

Quoiqu'il ne soit aucune de ces Assertions, sur laquelle mon observation constante, depuis douze ans, m'ait laissé de l'incertitude, je conçois facilement, d'après les principes reçus & les connoissances établies, que mon système doit paroître, au premier aspect, tenir à l'illusion autant qu'à la vérité. Mais je prie les personnes éclairées d'éloigner les préjugés, & de suspendre au moins leur jugement, jusqu'à ce que les circonstances me permettent de donner à mes principes, l'évidence dont ils font fusceptibles. La confidération des hommes qui gémiffent dans les fouffrances & le malheur, par la feule infuffifance des moyens connus, eft bien de nature à infpirer le defir, & même l'efpoir d'en reconnoître de plus utiles.

Les Médecins, comme dépofitaires de la confiance publique, fur ce qui touche de plus près la conservation & le bonheur des hommes, font feuls capables, par les connoiffances effentielles à leur état, de bien juger de l'importance de la découverte que je viens d'annoncer, & d'en préfenter les fuites. Eux feuls, en un mot, font capables de la mettre en pratique.

L'avantage que j'ai de partager la dignité de leur profeffion, ne me permet pas de douter qu'ils ne s'empreffent d'adopter & de répandre des principes qui tendent au plus grand foulagement de l'humanité, dès qu'ils feront fixés par ce Mémoire, qui leur eſt eſſentiellement deſtiné, ſur la véritable idée du **MAGNÉTISME ANIMAL**.

F I N.

www.ingramcontent.com/pod-product-compliance
Lightning Source LLC
LaVergne TN
LVHW050639090426
835512LV00007B/923